生活垃圾分类科普读本

SHENGHUO LAJI FENLEI
KEPU DUBEN

武汉市环境卫生科学研究院 编著

长江出版传媒
湖北人民出版社

图书在版编目(CIP)数据

生活垃圾分类科普读本/武汉市环境卫生科学研究院编著

武汉:湖北人民出版社,2020.5

ISBN 978 - 7 - 216 - 09938 - 7

Ⅰ.生… Ⅱ.武… Ⅲ.垃圾处理—普及读物 Ⅳ.X705 - 49

中国版本图书馆 CIP 数据核字(2020)第 018624 号

选题策划:耿天维

责任编辑:赵世蕾　耿天维　余　莎

封面设计:闰江文化

责任校对:范承勇

责任印制:谢　清

出版发行:湖北人民出版社	**地址**:武汉市雄楚大道 268 号
印刷:湖北新华印务有限公司	**邮编**:430070
开本:889 毫米×1194 毫米 1/24	**印张**:3.5
版次:2020 年 5 月第 1 版	**印次**:2020 年 5 月第 1 次印刷
字数:50 千字	**定价**:28.00 元
书号:ISBN 978 - 7 - 216 - 09938 - 7	

本社网址:http://www.hbpp.com.cn

本社旗舰店:http://hbrmcbs.tmall.com

读者服务部电话:027 - 87679656

投诉举报电话:027 - 87679757

生 活 垃 圾 分 类 科 普 读 本

———————

保 护 地 球

普遍推行垃圾分类制度，关系13亿多人
生活环境改善，关系垃圾能不能减量化、资
源化、无害化处理。

——习近平

HOUSEHOLD GARBAGE SORTING

A POPULAR SCIENCE BOOK

PREFACE | 前言

垃圾分类是每个人身边的日常小事，也是关系社会文明水平的大事，还是影响中国绿色发展转型的实事。

　　2019年6月，习近平总书记对垃圾分类工作作出重要指示。习近平指出，推行垃圾分类，关键是要加强科学管理、形成长效机制、推动习惯养成。要加强引导、因地制宜、持续推进，把工作做细做实，持之以恒抓下去。要开展广泛的教育引导工作，让广大人民群众认识到实行垃圾分类的重要性和必要性，通过有效的督促引导，让更多人行动起来，培养垃圾分类的好习惯，全社会人人动手，一起来为改善生活环境作努力，一起来为绿色发展、可持续发展作贡献。

　　从有利于城乡公共生活和人民利益的理念出发，居民应自觉坚持"从现在做起、从我做起"的态度，做好自己力所能及的事。每位居民都应该树立节约资源和保护环境的意识，学会正确地分类，合理地处理垃圾，这对我国改善人居环境意义重大，功在当代，利在千秋。

　　全民行动，从你我做起，从源头做起。为了让公众对生活垃圾分类情况有进一步了解，积极参与垃圾分类工作，我们编写了这本科普读本，希望为公众参与生活垃圾分类提供帮助。

HOUSEHOLD GARBAGE SORTING

A POPULAR SCIENCE BOOK

CONTENTS ｜目录

保 护 地 球 即 是 保 护 自 己

———

生活垃圾分类科普读本

认 识 篇
了解生活垃圾分类

HOUSEHOLD GARBAGE SORTING

A POPULAR SCIENCE BOOK

01

可怕的"垃圾围城"

没有人喜欢生活在"垃圾堆"里，但也没有人可以完全不产生垃圾。我们在物质文明愈加发达的现代社会中享受着丰富而便捷的生活，同时也在制造着大量的垃圾。

什么是垃圾？

垃圾，通常是指失去使用价值的废弃物品，是不被需要或无用的固体、流体物质，是物质循环的重要环节。

垃圾从哪来？

我们每个人都是垃圾的"制造者"。中国的大街小巷，每周最少有4亿份外卖在路上，至少产生4亿个打包盒和4亿个塑料袋，以及4亿份一次性餐具。快递数量一样非常庞大：2012年是50亿件，2018年已增长到500亿件，预计到2020年，这个数字会变成700亿件。700亿件快递会产生多少垃圾，简直难以想象。

"垃圾围城" 的严峻形势

根据生态环境部2019年12月公布的《2019年全国大、中城市固体废物污染环境防治年报》，2018年，全国200个大、中城市产生生活垃圾21147.3万吨，全国约三分之二的城市处于垃圾包围之中，其中四分之一已无填埋堆放场地。这些垃圾埋不胜埋，烧不胜烧，造成了一系列严重危害。

200个大、中城市中，生活垃圾产生量居前10位的城市共产生6256.0万吨垃圾，占全部信息发布城市产生总量的29.6%。湖北省武汉市排在第十位。

最新的数据表明，全湖北省的垃圾清运量高达每天31000吨。如果把这些垃圾堆起来，短短半个月就能超过目前武汉最高的建筑物——绿地中心的高度。

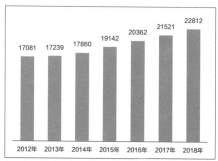

2012-2018年中国生活垃圾清运量（单位：万吨）

数据来源：国家统计局，艾媒数据中心（data.iimedia.cn）
注：由于统计口径不一，生态环境部数据与国家统计局数据略有出入。

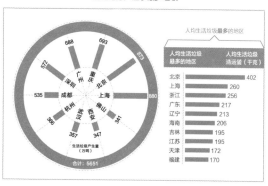

这些地方产生了最多垃圾

"垃圾围城"对环境的危害

① 污染生态环境

随意倾倒的垃圾堆放在露天中会产生臭气和污水,这些污染物进入空气、土壤和水体中,就会对自然界带来巨大的危害。

② 危害身体健康

当垃圾被随意丢弃,进入河流、湖泊和农田中时,垃圾中的有害物质会渗入水体和土壤,进入植物和动物体内,进而以食物的形式进入我们的身体,对我们的健康造成危害。

③ 占用土地资源

据统计,日益增长的生活垃圾使得原本能用几十年的生活垃圾填埋场,正以成倍速度提前堆满。长此以往,就需要占用大量的土地资源,以增加垃圾填埋区域。

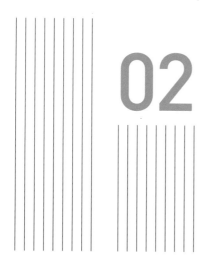

02

什么是生活垃圾分类

什么是生活垃圾？

　　生活垃圾，是指城乡居民在日常生活或为日常生活提供服务的活动中产生的固体废物，以及法律、行政法规规定视为生活垃圾的固体废物。

　　生活垃圾分类，是指按生活垃圾的组成、利用价值以及环境影响程度等因素，并根据不同处理方式的要求，实施分类投放、分类收运和分类处理的行为。

生活垃圾的特点

❶ 来源广泛而分散

只要是有人类生活的地方，就会产生生活垃圾，不同的人在不同的场合产生不同种类的垃圾，这使得生活垃圾的组成很复杂，分类显得尤为重要。

❷ 含水量高，有机废物比例大

通常生活垃圾含水量为55%～65%，有的甚至超过70%。含水量越高，生活垃圾的处理就越复杂。同时，生活垃圾中有机废物的比例也很大，这就使得其处理更为困难。

❸ 二次利用率低

我国生活垃圾中虽然含有很多有机废物，但由于受处理技术等条件的制约，垃圾通常直接通过焚烧处理，没有进行更加细致的加工利用。

生活垃圾分类的意义

❶ 减少废弃污染，保护生态环境

混合处理会使得有害垃圾中的有毒物质扩散，形成大面积污染；随意抛弃的废塑料被动物误食会造成对动物的伤害，甚至导致其死亡；垃圾渗滤液会污染地下水和土壤……科学地进行生活垃圾分类，不仅可以减少垃圾中重金属、有机污染物、致病菌的含量，也能降低垃圾处理过程中的环境污染风险。

② 减少占地面积，提高土地利用率

垃圾填埋处理会占用大量土地资源，垃圾填埋场不能重新作为生活区域。且生活垃圾中有些物质不易降解，使土地受到严重侵蚀。垃圾分类后，可减少三分之二的填埋。

③ 分类回收处理，有效利用资源

人们通常将自己不用的资源当作垃圾弃掷，这会给整个生态系统造成巨大的损失。分类处理之后，厨余垃圾可以制成有机肥料；垃圾焚烧可以发电；废纸、废玻璃可以回收生产新的纸和玻璃制品；废塑料可以回收提炼汽油和柴油……将生活垃圾分类处理，有利于资源循环利用。

④ 提高居民价值观念，培养良好生活习惯

垃圾分类是处理垃圾公害的最佳解决方法，进行垃圾分类已成为社会发展的必然路径。在生活垃圾分类的实践中，居民学会节约资源、利用资源，养成良好的生活习惯，国民素养也能得到提高。

03

大分流，细分类

大分流 →

日常生活中产生的所有垃圾，遵循"大分流，细分类"的原则，实施专项分流收集、收运和处理。

建筑垃圾

人们在从事拆迁、建设、装修、修缮等建筑业的生产活动中产生的渣土、废旧混凝土、废旧砖石及其他废弃物的统称。

医疗垃圾

接触过病人血液、肉体等，而由医院产生的污染性垃圾，如使用过的棉球、纱布、胶布、废水、一次性医疗器具、术后的废弃品、过期的药品等。

大件垃圾

体积较大、整体性强，需要拆分再处理的废弃物品，包括废家用电器和家具等。

园林垃圾

绿色垃圾或园林植物废弃物，主要是指园林植物自然凋落或人工修剪所产生的植物残体，包括树叶、草屑、树木与灌木剪枝等。

生活垃圾

"细分类"指对人们日常生活中产生的生活垃圾按照资源化程度和性质，分为有害垃圾、可回收物、厨余垃圾、其他垃圾四类，也正是我们现在全民推行的生活垃圾分类。

| 有害垃圾 | 厨余垃圾 | 可回收物 | 其他垃圾 |

—— 生活垃圾细分类 ——

类别篇
生活垃圾分类类别

01

生活垃圾分类收集容器

有害垃圾	厨余垃圾	可回收物	其他垃圾
Hazardous Waste	Food Waste	Recyclable	Residual Waste

    根据《湖北省城乡生活垃圾分类技术导则》，生活垃圾分为有害垃圾、可回收物、厨余垃圾和其他垃圾四类。

    生活垃圾分类收集容器有60L、120L、240L等规格，各类场所可根据生活垃圾产生情况和分类投放要求配置。分类收集容器表面应当具有符合国家《生活垃圾分类标志》（GB/T19095—2019）规定的标识，以及类别、规格、颜色、使用要求等内容。

    收集容器具体颜色以潘通色卡为基准，有害垃圾收集容器为红色，可回收物收集容器为蓝色，厨余垃圾收集容器为绿色，其他垃圾收集容器为灰色。

有害垃圾

Hazardous Waste

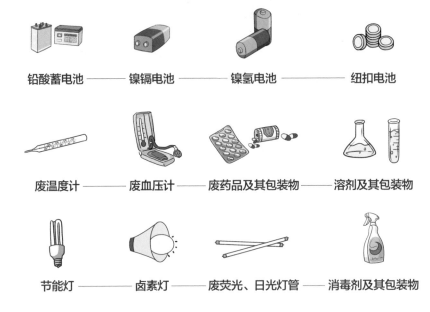

铅酸蓄电池 —— 镍镉电池 —— 镍氢电池 —— 纽扣电池

废温度计 —— 废血压计 —— 废药品及其包装物 —— 溶剂及其包装物

节能灯 —— 卤素灯 —— 废荧光、日光灯管 —— 消毒剂及其包装物

生活垃圾分类科普读本

有害垃圾

    有害垃圾，指生活垃圾中可对人体健康或者自然环境造成直接或者潜在危害的物质，主要包括废电池（镉镍电池、氧化汞电池、铅酸蓄电池等），废荧光灯管（日光灯管、节能灯等），废温度计，废血压计，废药品及其包装物，废油漆、溶剂及其包装物，废杀虫剂、消毒剂及其包装物，废胶片及废相纸，废农药包装物等。

洗甲水 —————— 过期指甲油 —————— 染发剂 —————— 驱蚊片

废胶片 —————— 废相纸 —————— X光片 —————— 废杀虫剂罐

油漆桶 —————— 喷雾罐

◎ **废电池**　目前一次性5号电池、7号电池已实现低汞或无汞化，对环境污染较微弱，所以可当作普通生活垃圾处理，属于其他垃圾。而手机电池、纽扣电池、充电电池（包括镍镉、镍氢、锂电池与铅酸蓄电池）、电瓶等电池中均含有重金属，会对环境造成危害，属于有害垃圾，应保持完好，投放至有害垃圾桶中。

◎ **废灯管**　节能灯和荧光灯内含有汞，汞会吸附在灯管上，重金属汞会对环境造成污染，所以此类灯管属于有害垃圾。而钨丝灯泡内的钨丝是一种战略金属，具有回收价值，在制作过程中也没有添加汞蒸气，所以钨丝灯泡属于可回收物。

废纸类（干净的）

废报纸 —— 纸盒 —— 礼品盒 —— 信封 —— 纸袋

鸡蛋盒 —— 手机盒 —— 书本 —— 洗净后的纸盒包装

可回收物

　　可回收物，指生活垃圾中未经污染且适宜回收循环使用和资源利用的物质，主要包括废纸、废塑料、废金属、废包装物、废旧纺织物、废弃电器电子产品、废玻璃、废纸塑铝复合包装等。

生活垃圾分类科普读本

废塑料（洗净的）

废塑料杯 —————— 用完的洗发水瓶 —————— 用完的塑料香水瓶

废饮料瓶 —————— 废油壶 —————— 环保塑料袋

塑料玩具 —————— 塑料盆 —————— 塑料桶

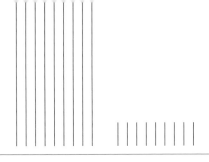

废金属	废旧纺织物

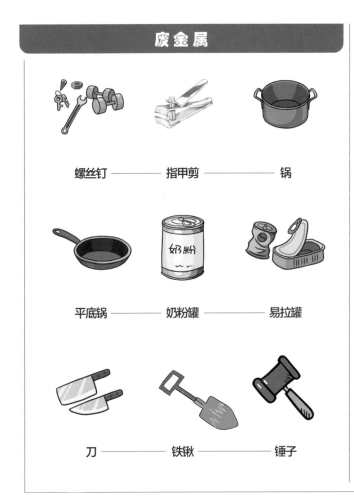

螺丝钉 —— 指甲剪 —— 锅

平底锅 —— 奶粉罐 —— 易拉罐

刀 —— 铁锹 —— 锤子

包包

废旧衣物

毛绒玩具

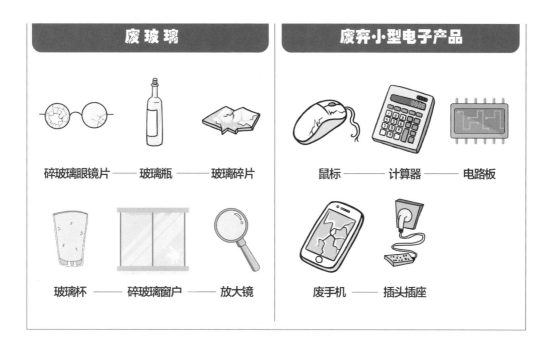

废玻璃	废弃小型电子产品
碎玻璃眼镜片 —— 玻璃瓶 —— 玻璃碎片	鼠标 —— 计算器 —— 电路板
玻璃杯 —— 碎玻璃窗户 —— 放大镜	废手机 —— 插头插座

◎ **所有的纸类、塑料瓶、玻璃瓶等可回收物**　在干净的前提下，它们才属于可回收物，所以此类物品要清洗晾干，才能扔进可回收物垃圾桶。

◎ **被污染的纸质物品**　比如食物吃完后的包装盒、包装袋，以及酸奶盒等，常常会有食品的残留物渗入且不易就地清洁，这些虽然是纸类，但属于其他垃圾。

◎ **大多数一次性纸质餐盒和杯子**　因其内壁有一层聚乙烯薄膜，剥离这种材料成本代价较高，还有可能产生新的污染，所以这些一次性餐具虽然是纸质，但不属于可回收物，而属于其他垃圾。

厨余垃圾
Food Waste

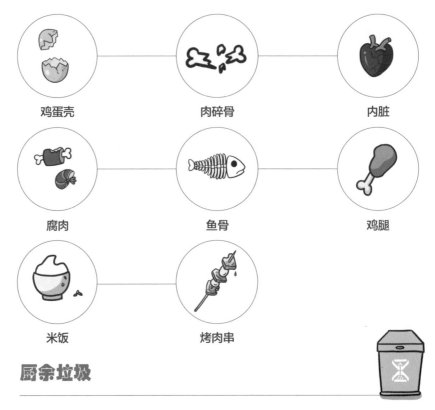

鸡蛋壳　　　　　肉碎骨　　　　　内脏

腐肉　　　　　　鱼骨　　　　　　鸡腿

米饭　　　　　　烤肉串

厨余垃圾

　　厨余垃圾，指生活垃圾中以有机质为主要成分，具有含水率高、易腐烂发酵发臭等特点的物质，主要包括食堂、宾馆、饭店和酒楼等产生的餐厨垃圾，农贸市场、农产品批发市场和生鲜超市产生的蔬菜瓜果垃圾、腐肉、肉碎骨、蛋壳、畜禽产品内脏、过期食品等，以及居民家庭产生的厨余垃圾，包括果蔬及食物下脚料、剩菜剩饭、瓜果皮、盆栽残枝落叶等。

香蕉皮	西瓜皮	苹果核	橘子皮
蛋糕	家养绿植	面包	蔬菜

◎ **骨物类** 鱼骨、鸡骨、鸭骨、牛蛙骨和小龙虾壳等易粉碎易处理的骨物属于厨余垃圾。猪、牛、羊等大骨头和蛤蜊壳、鲍鱼壳等不易粉碎的坚硬壳类属于其他垃圾。

◎ **果壳（核）类** 如榴莲壳、椰子壳、核桃壳、桃核、榴莲核、菠萝蜜核等，因质地坚硬、不易腐烂、分解，在处置过程中，容易对垃圾处置设备造成损坏，且不利于堆肥，所以属于其他垃圾。

其他垃圾
Residual Waste

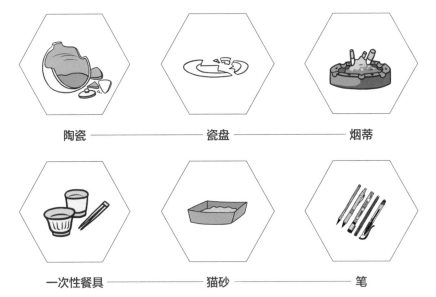

陶瓷 —————— 瓷盘 —————— 烟蒂

一次性餐具 —————— 猫砂 —————— 笔

其他垃圾

　　其他垃圾，指生活垃圾中除可回收物、有害垃圾、厨余垃圾以外的其他生活废弃物，包括陶瓷、灰土、卫生间废纸、烟蒂及清扫垃圾等难以回收的废弃物。

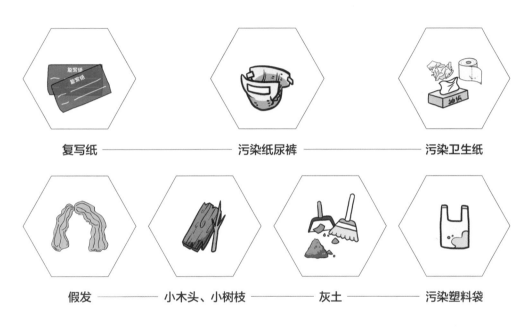

复写纸 ———————— 污染纸尿裤 ———————— 污染卫生纸

假发 ——— 小木头、小树枝 ——— 灰土 ——— 污染塑料袋

◎ **用过的纸巾** 虽是纸类，但已被污染，无法资源化再生利用，再湿也属于其他垃圾。

◎ **宠物产生的粪便** 在户外或公共场所中不属于其他垃圾，应用纸或塑料袋捡拾后，扔进附近的公厕。

◎ **成分复杂的日用品** 比如废笔、废弃牙刷、废旧雨伞、废旧皮包、废弃打火机、废玻璃眼镜等，此类物品的材质包括塑料、金属、皮质等，成分较复杂且不好分解，因此都属于其他垃圾。

◎ **薄型塑料** 比如塑料奶茶杯、杯盖，它们的回收利用价值低，而且要清洁后投放，如无清洁条件则应直接扔进其他垃圾桶。

◎ **暂时不明确具体分类类别的生活垃圾** 宜投放至其他垃圾桶。

网上流传的垃圾分类小段子

猪可以吃的是
厨余垃圾

猪都不要吃的是
其他垃圾

猪吃了会死的是
有害垃圾

卖了可以买猪的是
可回收物

如何判断日常生活中的垃圾到底归哪类，我们也可以从不同角度分析

①

从生活垃圾 "四分类" 的不同功能定位来说：可回收物（分出20%~30%）是实现资源利用的关键，要强制 "两网融合" 再生利用，生成再生产品；倡导厨余垃圾（分出15%~20%）好氧/厌氧生物处理，回到土地中；其他垃圾容错处理（10%~15%），渗滤液厌氧处理，焚烧发电；有害垃圾要强制安全处理。

②

从垃圾终端处理方式倒推：厨余垃圾需要进行生化处理，通过微生物处理，将垃圾中的易降解有机物变成卫生的、无异味的腐殖质，通俗来说就是 "堆肥"；其他垃圾的处理方式一般是置于高温炉中焚烧；可回收物可以进行资源化利用；有害垃圾必须用特殊方法单独安全处理。

③

其他垃圾本身具有容错性：当我们在日常生活中进行垃圾分类时，遇到实在分不清的情况时，可将其归到其他垃圾，尽量提高其他三类分类投放的正确率。

操 作 篇

生活垃圾分类投放

HOUSEHOLD GARBAGE SORTING

A POPULAR SCIENCE BOOK

家庭
HOME

◎ 客厅　　📢 注|意|事|项

饭桌上的剩饭剩菜属于**厨余垃圾**，投入厨房的**厨余垃圾桶**。

用过的纸巾、废弃或破损的瓷盘等属于**其他垃圾**，投入客厅的**其他垃圾桶**。

坏掉的荧光灯管属于**有害垃圾**，应避免破碎，包裹后投入**有害垃圾桶**。

◎ 书房　　📢 注|意|事|项

书房中的废纸、旧报纸、旧书籍，属于**可回收物**，可定期绑扎成捆后送至废纸回收点，或者联系相关机构上门回收。

家养盆栽的残枝落叶属于**厨余垃圾**，投入**厨余垃圾桶**。

常用的5号、7号电池属于**其他垃圾**，投入**其他垃圾桶**，或集中收集投入大型商超设置的电池回收箱。

◎ 厨房　　

日常产生的瓜皮、果壳、茶叶渣、肉类食品下脚料等，都属于**厨余垃圾**，应投入**厨余垃圾桶**，不可混入塑料袋、卫生纸等其他垃圾，应注意分开投入。

装过蔬菜、水果的塑料包装盒，要清洗干净沥干水分，才可投入**可回收物垃圾桶**。

◎ 卫生间　　🔊 注|意|事|项

已使用过的纸巾、卫生巾、面膜、纸尿裤等属于**其他垃圾**，应投放至卫生间设置的**其他垃圾桶**。

旧衣物、旧毛巾、旧棉被等纺织品，应洗净后投入**可回收物垃圾桶**，或投入旧衣回收箱。

污染严重的纺织物以及贴身内衣裤等，属于**其他垃圾**，应投入**其他垃圾桶**。

单位
WORK PLACE

◎ 办公室　📢 注|意|事|项

　　标有可循环标志的外卖盒，清洗后可投入**可回收物垃圾桶**；若无法清洗时，要清除掉内容物，再投入**其他垃圾桶**中。

　　废弃的鼠标、键盘、手机等小型电子产品，属于**可回收物**，不宜单独拆解，可送至专门的回收点或回收机构。

◎ 文印室　📢 注|意|事|项

　　废弃打印纸、旧报纸、废弃纸张包装盒等属于**可回收物**，建议集中收集捆绑，投入**可回收物垃圾桶**。

　　打印机换下来的废弃墨盒属于**有害垃圾**，应投入有害垃圾桶。

茶水间

注|意|事|项

单位休息室内产生的茶叶渣、果皮等，属于**厨余垃圾**，应投入**厨余垃圾桶**，注意不要混投包装物；喝过茶的纸杯应清理内容物后，投入**其他垃圾桶**。

烟蒂、烟灰属于**其他垃圾**，应投入**其他垃圾桶**。

食堂

注|意|事|项

单位食堂用餐产生的残羹剩饭、蛋壳、果皮等属于**厨余垃圾**，应倒入食堂设置的**厨余垃圾桶**。

使用过的餐巾纸、牙签等属于**其他垃圾**，应投入**其他垃圾桶**。

◎ 教室　📢 注│意│事│项

　　学习用过的草稿纸、废弃试卷，属于**可回收物**，应统一收集投入**可回收物垃圾桶**。

- - - - - - - - - - - - - - - - - - -

　　废弃的铅笔芯、橡皮擦、粉笔、粉笔擦、胶带等，属于**其他垃圾**，投入**其他垃圾桶**。

◎ 操场　📢 注│意│事│项

　　矿泉水瓶、易拉罐、利乐包洗净后属于**可回收物**，投入**可回收物垃圾桶**。

- - - - - - - - - - - - - - - - - - -

　　废弃的篮球、足球、羽毛球拍、乒乓球等体育用品，属于**其他垃圾**，投入**其他垃圾桶**。

◎ 实验室 📢 注|意|事|项

　　学生在做实验中产生的有害物质，以及难以分离的包装物等，都属于**有害垃圾**，应在老师的指导下投入**有害垃圾桶**。

◎ 医务室 📢 注|意|事|项

　　学校医务室中用过的创可贴、棉签、常用药品及包装物等属于**有害垃圾**，应投入专门设置的**有害垃圾桶**。

公共场所
PUBLIC PLACE

◎ 公园   📢 注│意│事│项

　　公园里产生的宠物粪便，应用纸或塑料袋捡拾后，投入附近的公厕内。

- - - - - - - - - - - - - - - - - - - -

　　污染的纸和塑料袋属于**其他垃圾**，投入**其他垃圾桶**。

◎ 车站、机场   📢 注│意│事│项

　　车站、机场如有饮食区，则设有**厨余垃圾桶**。吃完的泡面桶，要将残渣倾倒进**厨余垃圾桶**后再投入**其他垃圾桶**。

> 橘子皮丢入厨余垃圾桶，泡面吃干净后投入其他垃圾桶

◎ 超市　　📢 注|意|事|项

　　购物中产生的干净的零食包装盒属于**可回收物**，投入**可回收物垃圾桶**；易拉罐、塑料瓶清洗干净后投入**可回收物垃圾桶**；有环保标志的干净塑料袋可投入**可回收物垃圾桶**。

　　塑料奶茶杯、杯盖这类薄型塑料回收利用价值低，建议沥干水分后投入**其他垃圾桶**。

◎ 农贸市场　　📢 注|意|事|项

　　菜摊主切下来的菜根菜叶、肉类的边角料属于**厨余垃圾**，投入农贸市场设置的**厨余垃圾桶**。

　　捆绑或放置蔬菜、食品用的绳子、篮筐、纸盒、包装袋等已被污染过的物品，属于**其他垃圾**，投入**其他垃圾桶**中。

农村

◎ 村塆　📢 注|意|事|项

　　农村因涉及农田作物、堆肥等，厨余垃圾在某些地区又被称为**易腐垃圾**。村塆要加强宣传，在宣传栏处设置四种分类垃圾桶，安排专门的生活垃圾分类宣导员，指导村民进行正确的分类投放。

◎ 农业生产　📢 注|意|事|项

　　农田中产生的秸秆、枯枝烂叶、谷壳等属于**厨余垃圾**，投入**厨余垃圾桶**中。

　　农药、化肥及包装物属于**有害垃圾**，投入**有害垃圾桶**。

处 置 篇

生活垃圾的分类收集、运输和处理

HOUSEHOLD GARBAGE SORTING

A POPULAR SCIENCE BOOK

01

有害垃圾的收运处理

收运处理流程

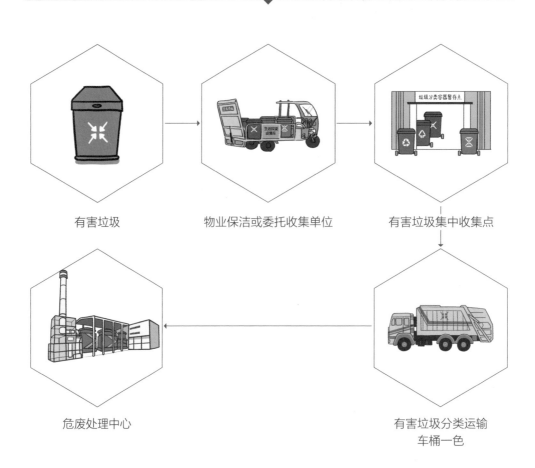

有害垃圾

物业保洁或委托收集单位

有害垃圾集中收集点

危废处理中心

有害垃圾分类运输
车桶一色

有害垃圾的收集

◎ **地点选择：** 社区应在居民日常通行经过的显眼位置设置专门的有害垃圾收集容器，并多设置几个投放点。

◎ **收集容器：** 以小规格收集容器为主，材质应具有防腐性和阻燃性，按照当地主管部门的规定粘贴统一的"有害垃圾"标识。

◎ **集中收运点：** 由所在地的街道（乡、镇政府）建设有害垃圾集中收运点。集中收运点应标明"有害垃圾集中收运点"字样及标识，地面硬化并封闭上锁，做到防雨、防遗失；配备专人进行管理，接收有害垃圾时应现场确认分类情况，并进行称重。

有害垃圾的运输

◎ 收运处置单位应配备有害垃圾专用运输车辆，且车辆厢体密闭，安装车载定位系统，车身喷涂"有害垃圾专用运输车"字样。有害垃圾运输采用袋装模式，确保运输过程防渗、防破损。

有害垃圾的处理

◎ 收运处置单位上门收运有害垃圾时，应现场检查拟交付的有害垃圾，若明显混有其他类别生活垃圾的可以拒收，并要求重新分拣。接收后，要按照《国家危险废物名录》对有害垃圾进行分拣，并统一运送至危废处理中心，由危废处理中心采用焚烧、填埋、固化综合利用等方式，进行安全有效的处置；或交由生态环境部门许可的具备相应资质的单位进行无害化处理，确保分类后的有害垃圾得到安全处置。

02

可回收物的收运处理

收运处理流程

可回收物

社区可回收物集中回收点

再生资源回收站

再生资源回收中心

可回收物分类运输
车桶一色

可回收物的收集

◎ 城区要在居民小区因地制宜地设置收集点，安排专人对可回收物进行集中存放的管理，并按照市场化原则，自主就近向规范化回收站交售生活垃圾分类中的可回收物。

◎ 可回收物的服务企业及时分拣可回收物，管理居民绿色积分账户，兑现奖励承诺。推广使用再生资源回收应用平台，实现主要可回收物在线下单、预约回收和数据全程管理等功能，鼓励对达到一定数量或者价值量的订单实现预约上门回收。

可回收物的运输

◎ 可回收物由具备相关资质的企业实行专项收运，配备的可回收物专用运输车辆厢体应密闭并统一标识。

可回收物的处理

◎ 适宜回收循环使用和资源再利用的可回收物，由专业从事再生资源回收利用的企业进行回收利用和资源化处理，通过再次分选、粉碎、循环再生等手段，逐步实现可回收物的再生循环利用。

厨余垃圾的收运处理

收运处理流程

厨余垃圾

垃圾分拣员破袋
二次分拣

物业保洁或委托收集单位

厨余垃圾暂存点

厨余垃圾集中处理设施

小型就近处理设施

厨余垃圾分类运输
车桶一色

厨余垃圾的收集

◎ **地点选择：**社区应根据居民数量合理设置专门的厨余垃圾收集容器，一般和其他垃圾收集容器摆放在同一位置，以利于干湿分离。

◎ **收集容器：**各类场所根据厨余垃圾产生情况配备相应规格的厨余垃圾收集容器，按照当地相关部门的统一规定粘贴"厨余垃圾"标识。

◎ **定时定点投放：**逐步推行固定时间、固定地点投放厨余垃圾。

厨余垃圾的运输

◎ 厨余垃圾以巡回收集直运方式为主，由厨余垃圾专用运输车辆通过两种方式实现分类运输：一是直接运送至厨余垃圾处理厂，二是就近送至小型厨余垃圾处理设施。

◎ 厨余垃圾专用运输车辆车厢内部要进行防锈处理，车厢必须密闭，防止垃圾渗滤液的滴漏现象和异味的散发。

厨余垃圾的处理

◎ 厨余垃圾可结合区域实际情况进行集中处理或者就地处理。

◎ 可采用集中堆肥或分散堆肥的处理方式，利用微生物进行厌氧消化处理，从而使厨余垃圾变成优质的肥料。

◎ 可运送至附近的小型处理设施进行处理，如使用厨余垃圾处理机处理家庭饮食中的剩料及熟食残留物等。

◎ 可将厨余垃圾挤压脱水后由其他垃圾无害化处理设施进行协同处理。

04

其他垃圾的收运处理

收运处理流程

其他垃圾

物业保洁或委托收集单位

其他垃圾暂存点

无害化处理设施

垃圾转运站

其他垃圾专用运输车
车桶一色

其他垃圾的收集

◎ **地点选择：** 社区应根据居民数量合理设置专门的其他垃圾收集容器，一般和厨余垃圾收集容器摆放在同一位置，以利于干湿分离。

◎ **收集容器：** 各类场所根据其他垃圾产生情况配备相应规格的其他垃圾收集容器，按照当地相关部门的统一规定粘贴"其他垃圾"标识。

◎ **定时定点投放：** 社区根据实际情况逐步减少楼道口对应其他垃圾收集容器，合理设定固定时间、固定地点投放其他垃圾。定时定点投放可以减少污染源，减少硬件设施成本，减少保洁员工作量，还能提升分类质量，改善小区环境，提升居民文明素养。

其他垃圾的运输

◎ 其他垃圾分类收集后，由专用密闭运输车辆集中转运到附近的垃圾转运站，再由垃圾转运站集中送往垃圾焚烧发电厂或垃圾卫生填埋场。

其他垃圾的处理

◎ 其他垃圾一般采用焚烧和填埋的方式进行处理。其他垃圾由于无法回收利用，一般统一收运至生活垃圾焚烧厂、生活垃圾填埋场、水泥窑协同处置厂等末端处理设施进行最终处理。

常见的垃圾处理方式

生活垃圾在处理过程中需要采用先进的工艺技术，最大程度降低对人居环境的负面影响，以达到不危害人体健康、不污染生态环境的目的。常见的末端处理方式主要有焚烧处理、填埋处理、堆肥处理三种。

焚烧处理

将生活垃圾置于高温炉中，使其中可燃成分充分氧化，产生的热量可用于发电或供暖。焚烧处理的优点是减量效果好：生活垃圾体积可减少90%以上，重量可减少80%以上。

填埋处理

将生活垃圾填入已预备好的坑中并覆膜压实，使其发生物理、化学、生物变化，从而实现垃圾减量化和无害化。填埋处理也是所有垃圾处理工艺剩余物的最终处理方式。

堆肥处理

将生活垃圾堆积成堆，使其在70℃左右的温度中储存、发酵，在一定的水分和通风等条件下，通过微生物的作用，实现固体有机废弃物无害化和稳定化。

环 保 篇

如何减少身边的生活垃圾

01

垃圾减量从源头做起

1 为什么要进行垃圾减量？

目前，垃圾分类工作正在全国有序开展。垃圾分类的目的是提高废品回收率，减少垃圾无害化处理难度，从而实现节能环保。但是，垃圾分类只能在事后阶段减少垃圾对环境的影响。

"清其流者，必洁其源。"如果垃圾生产的源头得不到有效控制，任由其泛滥，必然会给下游的后续处理带来巨大压力。

一件物品在成为垃圾之前，通常要经历生产、运输、消费等多个环节。减量意味着从源头开始减少垃圾，是整个垃圾生产链上的改变。因此，我们要提倡转变生产和生活方式，树立绿色环保的理念，从源头上减少垃圾，使其成为一种新时尚。

　　"3R原则"，是垃圾处理过程中减量化（Reducing）、再利用（Reusing）和再循环（Recycling）三种原则的简称。

　　"减量化"，是指通过适当的方法和手段尽可能减少废弃物的产生和污染排放，它是防止和减少污染最基础的途径。

　　"再利用"，是指尽可能多次以及尽可能多种方式地使用物品，以防止物品过早地成为垃圾。

　　"再循环"，是把废弃物品返回工厂，作为原材料融入新产品生产之中。

　　"3R原则"，中的各原则在循环经济中的重要性并不是并列的。按照1996年生效的德国《循环经济与废物管理法》，对待废物问题的优先顺序为避免产生（即减量化）、反复利用（即再利用）和最终处置（即再循环）。

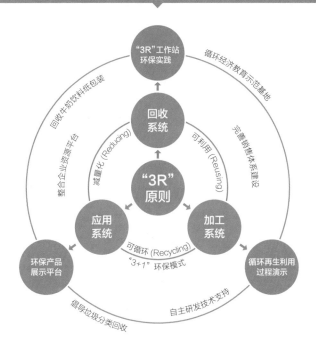

02

生活垃圾减量化的三个阶段

1 制造阶段减量

产品的制造阶段包括设计制作、材料使用和外部包装。任何产品在设计和生产之初，人们想到的通常都是如何能够获得利益的最大化，很少会考虑如何让产品产生的垃圾最少。例如，电子产品更新换代非常快，它们被设计得使用寿命越来越短，这意味着它们被淘汰而成为电子垃圾的时间也越来越短。又如，为了迎合消费者追求"便利""时尚""有面子"等消费观念，生产厂家过度包装产品，导致包装垃圾激增。

生产企业完全可以从设计阶段就开始考虑产品废弃后的材料回收利用问题，还可以通过延长产品的使用寿命、使用环保的生产材料、采用"绿色包装"等方式实现生活垃圾的源头减量。通过采取相应措施，将可能产生的垃圾量降至最低。

前期设计考虑回收问题　　　　使用环保生产材料制作　　　　使用"绿色包装"

2 使用阶段减量

　　产品使用阶段的主体是消费者，这一阶段的生活垃圾减量主要体现在减少浪费和循环利用这两点上。

淘米水洗蔬果

洗菜水浇花

洗拖把

冲马桶

家庭

◎　减少使用容易损耗的物品，尽量选择可重复使用的耐用品，比如环保帆布袋、充电电池等。

◎　淘米水可用来洗蔬果、洗手，洗菜水可以用来浇花、洗拖把，洗衣服的水可以用来冲厕所。这些居家妙招可以节约水资源，促进水资源的循环利用。

◎　减少使用过于复杂的快递包装；点外卖时不使用一次性筷勺，尽可能减少外卖垃圾的产生。

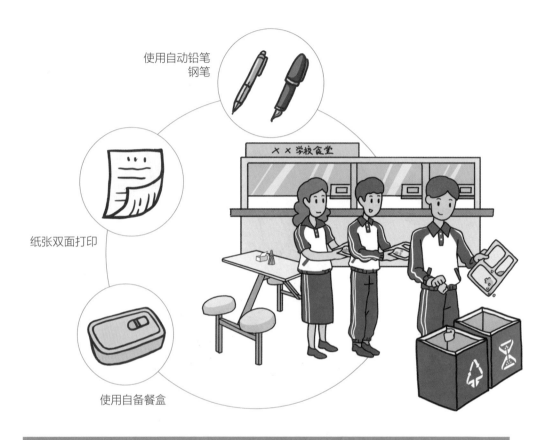

使用自动铅笔
钢笔

纸张双面打印

使用自备餐盒

学校

◎ 尽量不用一次性签字笔、圆珠笔，可使用自动铅笔、可换芯水性笔等。

◎ 纸张做到双面书写和打印，利用废报纸练毛笔字等，以节约用纸。

◎ 在学校用餐时，尽量把食物吃完，不浪费粮食；自带水杯、饭盒，不使用一次性纸杯和塑料餐具。

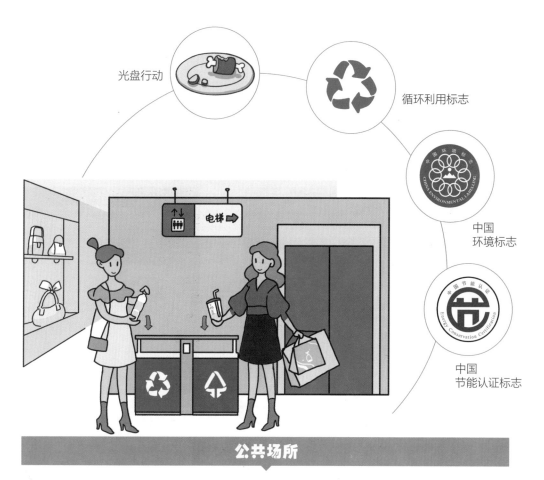

光盘行动

循环利用标志

中国环境标志

中国节能认证标志

公共场所

◎ 外出需要住宿时，自带洗漱用品、水杯等，减少使用一次性产品。

◎ 购物时自带环保袋，不使用塑料袋；尽量选择带有中国环境标志、循环利用标志和中国节能认证标志的商品。

◎ 在公共场所就餐时，按量点餐，若有剩余食物可以打包带走，减少浪费。

3 废弃阶段减量

　　废弃阶段是指物品失去它本来的使用价值，即将被丢弃的阶段。这一阶段直接关系着废弃物是变废为宝，还是对环境造成污染。实际上，这个阶段仍然可以做到有效的垃圾减量。

◎　对能够再次回收利用的废弃物，不要随便丢弃，应分类存放，等累积到一定数量后，交由废品回收人员处理。

◎　通过捐赠、交换等方式实现旧物的再利用，如旧衣物、旧图书的爱心捐赠。

◎　可以将废弃包装制成小工艺品来美化生活，这样，既能减少生活垃圾的清运量和最终处置，又能让还有使用价值的物品实现回收利用。

回 收 篇

生活垃圾循环利用

HOUSEHOLD GARBAGE SORTING

A POPULAR SCIENCE BOOK

废纸的回收利用

　　根据回收纸的种类、性质、用途等的不同，将回收纸分级分类、分别存放、分别处理。在分选回收纸的同时，还需拣出夹杂在回收纸中的金属、木屑、砂石、绳索、塑料片等。

　　手工分选的工作量主要由回收纸的来源和再生浆的用途决定。比如来自印刷厂的白纸边、纸花等消费前可回收纸，只需要简单分选，通常在现场审查后就可进入回收纸处理程序。

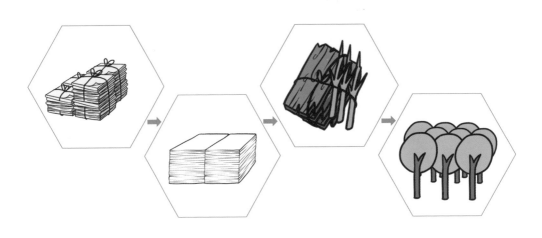

回收800千克废纸，可节省木材300千克，等于少砍17棵树

废玻璃的回收利用

　　废玻璃处理的第一步是分选。在分拣中心完成分选工作之后，这些玻璃会被送到专门机器中进行破碎作业，工作人员在传送带源头处再次对玻璃进行分类，分错类的"漏网之鱼"会被挑选出来。

　　玻璃碎片在传送带上运送时，会经过清洗过滤、磁力筛选、震动除水等一系列工序。经过"分选—破碎—清洗"流程，玻璃由整变碎，由污垢满身变得通透明亮，也没有了异味。

　　玻璃回收处理中心接下来会把碎玻璃按照不同种类出售给玻璃厂。玻璃厂会根据产品的不同要求，添加不同的化学成分或原材料，通过高温炉将碎玻璃片熔成玻璃水，然后放入模具中筑成型，实现资源循环利用。

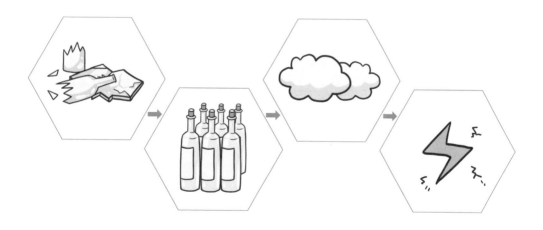

回收1000千克废玻璃，可再造2500个普通酒瓶，节电400千瓦时，并能减少空气污染

废塑料的回收利用

利用专用的造粒设备，可将废旧塑料回收后进行再造粒，实现真正意义上的资源循环利用。

目前，废旧塑料再生处理的方法通常包含以下几个步骤：将废旧塑料洗净、干燥后经过熔融、塑化，挤出成条状，再将条状塑料经过冷却设备冷却，最后用切粒机将其切成颗粒。这些颗粒可以再经过吹塑、注塑、压延等工艺深加工成各种塑料制品。

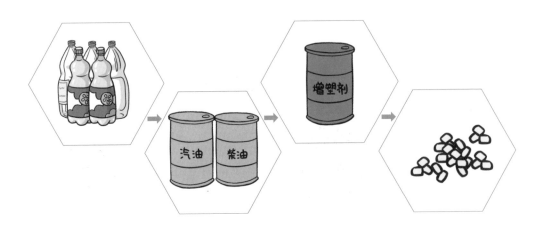

回收1000千克废塑料，可回炼600千克无铅汽油和柴油，也可再造800千克塑料粒子，节电5000千瓦时

厨余垃圾的资源化利用

我们一日三餐产生的厨余垃圾可以通过技术手段实现资源化利用。

厨余垃圾经过粉碎、微生物发酵、高温降解等流程后，可以变成对人、畜、环境安全无毒的有机肥料，可改良土壤，还可用于花卉种植。居民可以用有机肥来栽花养草，实现厨余垃圾资源化利用。

厨余垃圾经过高温杀菌、油水分离、化学反应等技术手段，还可以变成生物柴油等工业油脂，用来提供动力能源，实现资源转化。

厨余垃圾中的新鲜果皮和蔬菜，加入一定比例的糖和水，经过一段时间的发酵，就能"变身"环保酵素，可用来清洁厨具、洗碗浇花、清洁下水道。

对厨余垃圾的资源化利用，不仅能减少对环境的污染，同时还能有效阻止地沟油回流餐桌，在一定程度上保障"舌尖上的安全"

智慧分类回收

倡导生活垃圾智慧分类投放，可通过手机APP线上平台、建立居民实名制"绿色账户"等方式，实行生活垃圾分类积分奖励，激发居民主动参与的积极性。加快构建智慧环卫平台和智慧回收物流平台，通过"互联网+""物联网+"智慧分类模式，促进生活垃圾分类回收系统线下物流实体与线上平台相结合。

互联网+线下物业／企业

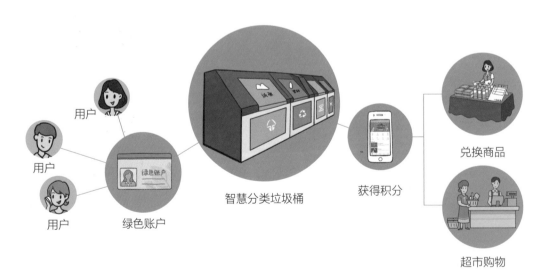

用户

用户

用户

绿色账户

智慧分类垃圾桶

获得积分

兑换商品

超市购物

　　回收企业在社区通过定时定点投放、后台监测观察，了解小区居民的生活垃圾分类情况、居民分类参与度以及垃圾分类投放正确率等数据，进而不断改进工作方式，促进居民正确分类，实现资源的统一回收。

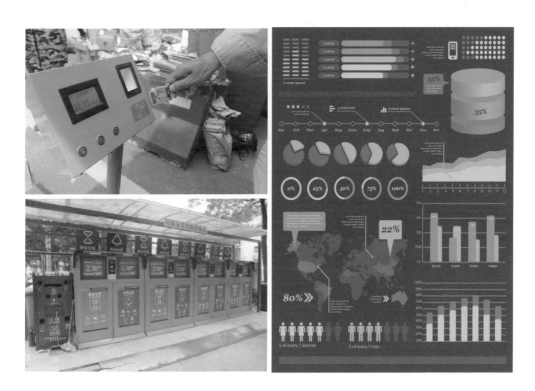

互联网+线上平台

除了我们经常接触到的四种生活垃圾之外，还有一些与我们日常生活也联系紧密的垃圾类别，比如大件垃圾、家用电器等，它们通常由若干个零部件装配而成。此类垃圾建议居民预约再生资源回收服务单位上门收集，或单独投放至分类投放管理责任人指定的投放点。

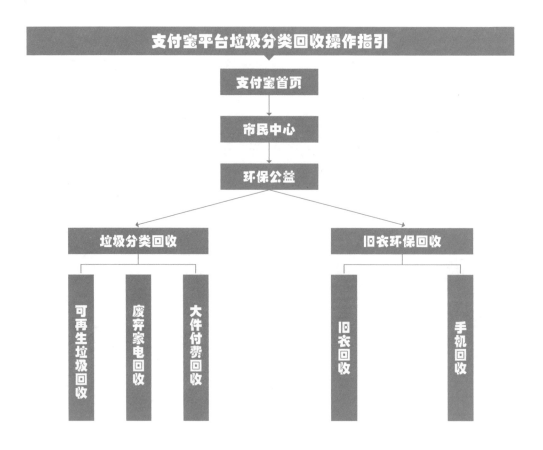

① 可再生垃圾回收	② 废弃家电回收	③ 大件付费回收

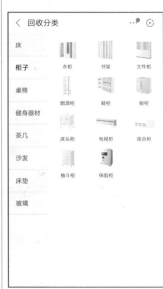

漫画篇

漫说垃圾分类

HOUSEHOLD GARBAGE SORTING

A POPULAR SCIENCE BOOK

垃圾分类之西游篇

垃圾分类之红楼篇

垃圾分类之水浒篇

垃圾分类之三国篇

垃圾分类

支/明/中/国/植/手/心 · 垃/圾/分/类/责/手/行

按照生活垃圾的组成，利用价值以及环境影响程度等因素，根据不同处理方式的要求，实施分类投放，分类收集，分类运输和分类处理的行为。

有害垃圾
（投放时需注意密封防碎）

- 废油漆类
- 废电池类
- 废灯管类
- 废弃化学品类
- 废胶片类
- 废药品及包装物

可回收物
（立体包装需清空内容）

- 玻璃类
- 金属类
- 塑料类
- 废纸类
- 纺织物
- 小型电子产品

厨余垃圾
（投放前需沥干水分）

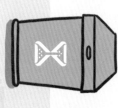

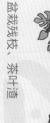

- 剩菜剩饭
- 瓜果皮类
- 蔬菜类
- 盆栽残枝
- 茶叶渣
- 碎骨骨物
- 食物残渣

其他垃圾
（不属于以上三类的其他物品）

- 被污染的纸类
- 灰土类
- 坚硬果壳类
- 碎陶瓷
- 烟蒂
- 一次性餐具

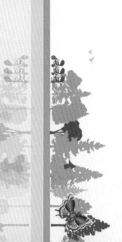